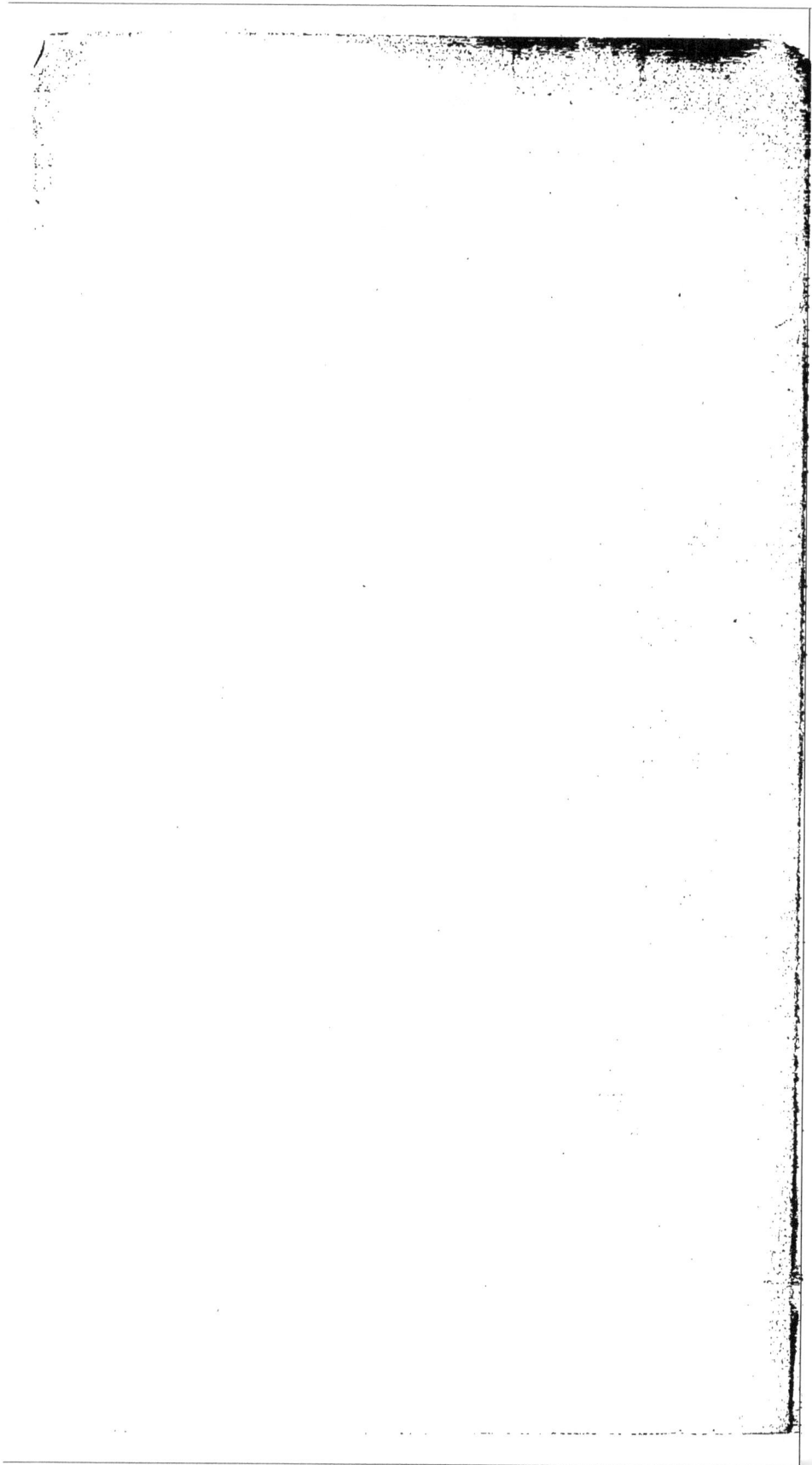

LES ARTISTES

Du Forez

A L'EXPOSITION DE PARIS

par

VICTOR BOURNAT.

MONTBRISON

IMPRIMERIE BERNARD.

—

1860.

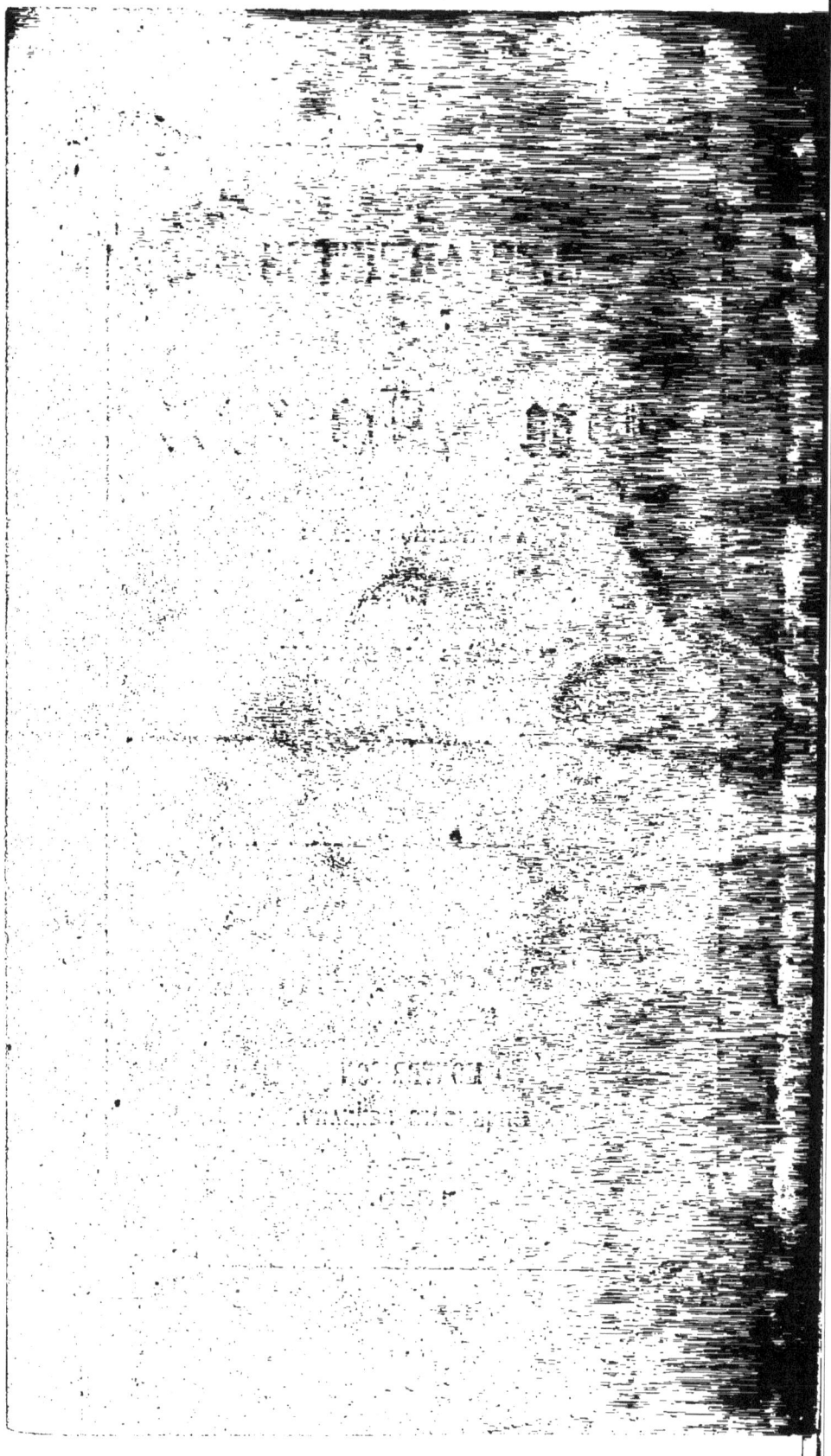

LES ARTISTES

Du Forez

A L'EXPOSITION DE PARIS

par

VICTOR BOURNAT.

MONTBRISON

IMPRIMERIE BERNARD.

—

1860.

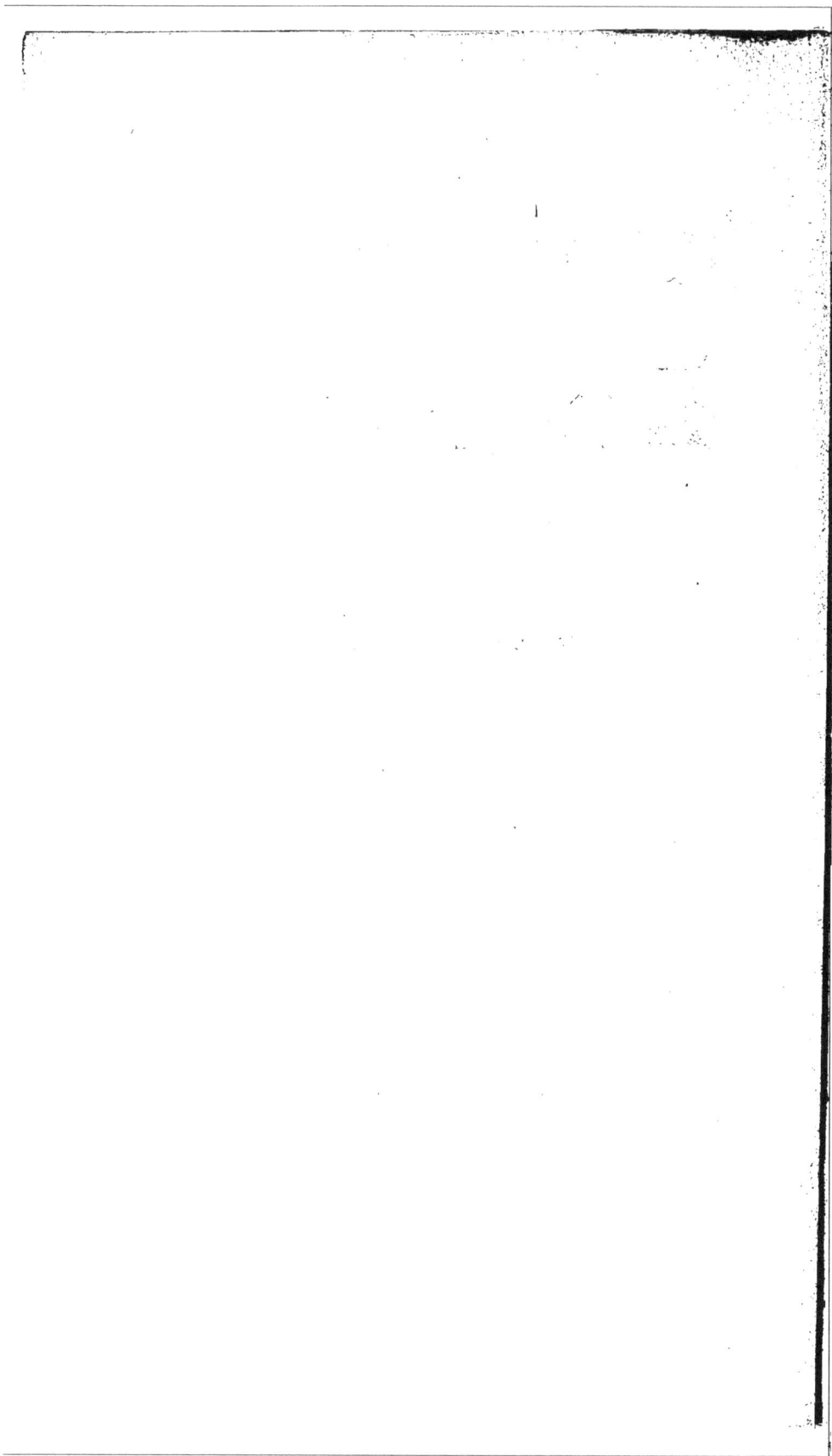

LES ARTISTES DU FOREZ

à l'Exposition de 1859

A PARIS (1).

———•◦◦○✛◗✕◖○◦◦•———

Peinture : MM. Camino, Faverjon, de Saint-Etienne ; —
M. Lays, de Saint-Barthélemy-Lestra ; — M. Millet, de Charlieu.

Sculpture : M. Bonnet, de Saint-Germain-Laval ; —
M. Chevalier, de Saint-Bonnet-le-Château ; — M. Foyatier,
de Bussières ; — M. Montagny, de Saint-Etienne.

Récompenses : Sculpture, mention honorable, M. Chevalier.

———————

Je veux parler des artistes du Forez, de leurs œuvres, de
leurs succès. Je n'ai pas la prétention de pouvoir donner un
plus grand éclat à leur réputation, à leur gloire ; mais je
pense qu'en raison même de mon insuffisance, je ne saurais
amoindrir le mérite de leurs œuvres, par des appréciations
incorrectes ou maladroites.

J'ai longtemps hésité à exprimer mon sentiment ; je me
trouvais bien téméraire de vouloir formuler une opinion sur
des œuvres d'art. Un savant et ingénieux artiste, Toppfer, a
levé mes scrupules : « Parlez des beaux-arts, dit-il, c'est per-
« mis à tout le monde ; aimez-les, c'est très innocent à vous,
« sentez-les profondément même, c'est signe d'un goût comme

(1) *Journal de Montbrison* du 18 décembre 1859, 1ᵉʳ et 8 jan-
vier 1860.

« il faut. » Je peux donc parler des beaux-arts, un maître me
le permet; j'avoue que je les aime, puisque cet aveu ne peut
me compromettre; mais je n'ose dire que je les sens profondément.

A des observations particulières sur les œuvres des artistes
foréziens, je joindrai quelques réflexions sur l'ensemble des
œuvres exposées.

PEINTURE.

Lorsque j'ai ouvert le livret de l'exposition, ma première
pensée a été pour les artistes du Forez. Les noms des artistes
sont rangés dans le livret par ordre alphabétique; leurs œuvres sont numérotées; il m'a été facile d'apprendre que plusieurs artistes du Forez avaient été admis à l'exposition. J'ai
voulu voir leurs œuvres, ce n'est pas aussi facile qu'on pour-
rait le croire. Le nombre des œuvres exposées est considéra-
ble; dans leur arrangement, on ne tient pas compte des nu-
méros d'ordre du livret; une salle est réservée aux tableaux
religieux; les tableaux militaires sont réunis dans une autre
salle; tous les autres tableaux sont disposés dans un ordre
qui n'a rien de commun avec celui du livret. C'est pourquoi,
celui qui veut voir quelques œuvres dont le sujet ou l'auteur
l'intéresse, est obligé d'examiner toutes les œuvres exposées,
pour découvrir celles qu'il cherche. Dans cette longue revue,
il trouve trop souvent des œuvres médiocres à côté d'œuvres
excellentes. Cette classification qui rapproche des œuvres
d'une valeur bien diverse, profite aux œuvres médiocres qui
attireraient à peine les regards du public, s'il n'était obligé de
tout voir pour connaître les œuvres des maîtres préférés, et
aux œuvres excellentes qui sont d'autant plus remarquées,
qu'elles sont plus remarquables que celles dont elles sont en-
tourées. Il ne me paraît donc pas possible de partager l'opinion de ceux qui voudraient que les œuvres fussent exposées
selon l'ordre alphabétique du livret.

D'ailleurs, dans la classification adoptée, je trouve un autre
mérite; on prend en considération le sujet des œuvres exposées; on fait des rapprochements pleins d'intérêt. Je faisais
cette réflexion, dans le salon spécialement réservé aux pein-
tures militaires. Ce salon renfermait un véritable cours d'histoire, et on eut regretté que les tableaux qu'il contenait ne
fussent pas réunis. Ce n'est pas dans l'histoire ancienne que
les artistes ont cherché le sujet de leurs compositions. On ne
trouve que deux artistes qui se soient inspirés de cette his-

toire, en cherchant à raviver le souvenir des exploits de Bren-
nus rapportant dans son camp les dépouilles des Romains, et
de la défaite sanglante des Romains au lac de Trasimène.
Dans notre histoire nationale, les peintres ne remontent guère
au-delà de la révolution de 1789. Il s'en est trouvé seulement
quelques-uns pour rappeler la dernière défaite des Saxons,
un épisode du siège de Vallon, dans le Vivarais, aux dix-sep-
tième siècle, et les exploits de Jean Bart. Nos guerres mo-
dernes ont surtout inspiré nos artistes; le rapprochement de
leurs œuvres dans la classification judicieuse qu'on en a faite,
est fécond en enseignements.

Je trouve d'abord un souvenir de la célèbre journée du 20
septembre 1792, connue sous le nom de canonnade de Valmy.
L'artiste a représenté le général Kellermann au moment où,
après avoir disposé ses troupes chargées de défendre le village
de Valmy, et leur avoir ordonné de courir au-devant de l'ennemi à la baïonnette, il élève son chapeau sur la pointe de
l'épée, au cri de *Vive la nation!* Ce cri « qui ne fait que des
braves, dit M. Thiers (1), est répété avec enthousiasme par les
troupes ; il est le signal d'une victoire remportée par 24,000
Français contre 30,000 Prussiens et 20,000 Autrichiens. »

Auprès de ce tableau du combat qui décida du sort d'une
campagne et dont le résultat fut la retraite des coalisés, on a
placé un autre tableau qui rappelle un épisode de l'invasion
triomphante des coalisés en 1815. Napoléon est à la Mal-
maison ; entouré de ses officiers, il voit, au loin, un incen-
die allumé par l'ennemi ; c'est le pont de Chatou qui brûle.
Un peu plus loin, on trouve un autre tableau qui consacre
le souvenir des efforts désespérés, inutiles, de S. A. I. le
prince Jérôme à l'attaque du château d'Hougoumont, dans
la journée de Waterloo.

Ces inégalités de la fortune font regarder avec attendrisse-
ment les scènes dans lesquelles les artistes ont voulu rappeler
les maux de la guerre, le carnage des soldats, la douleur des
blessés, la désolation des femmes, des enfants, des vieillards
qui fuient devant l'ennemi. Je ne parle pas des privations que
supporte le soldat en campagne, car nos artistes ont su mon-
trer que, dans la vie militaire, les mauvais jours ont leur
bon lendemain. Les hasards de cette vie ont été rendus avec
bonheur, dans deux petits tableaux qui consacrent des souvenirs de la rude guerre de Crimée. Dans l'un d'eux, l'artiste

(1) M. Thiers, *Histoire de la Révolution française*, tome II,
page 366.

a groupé autour d'un petit feu quelques zouaves, exposés à la neige qui tombe, et attendant avec une patience résignée leur camarade qui revient d'un petit voyage d'exploration, avec un rat pour seule capture. Mais dans un autre tableau, l'artiste a représenté le lendemain de ce jour néfaste. Les zouaves sont encore assis près du feu, mais quelle différence ! le feu brille, à une broche improvisée est suspendu un lapin qui se balance en cuisant ; un zouave prépare dans une vaste casserole un plat de sa façon : un autre plume une oie ; les provisions ne manquent pas autour d'eux. Un autre zouave laisse faire la cuisine ; il fume, en buvant le vin de son ennemi vaincu.

Mais que de soldats pour lesquels les mauvais jours n'ont pas de lendemain. Voici un tableau qui représente un champ de bataille couvert de morts et de mourants. Sur le premier plan, un soldat est étendu sur le dos, les mains jointes sur la poitrine ; il jette au ciel son dernier regard ; l'artiste a voulu saisir sa *dernière pensée.* Ici, dans un autre tableau, c'est un soldat mourant à l'hôpital ; il dicte à un compagnon d'armes ses dernières volontés, *c'est la lettre au pays.*

Que de succès glorieux il faudrait pour faire oublier les maux de la guerre. Quant à moi, après avoir vu tous les tableaux qui racontent les succès de notre armée, je me souviens surtout de ces deux derniers tableaux, la *Dernière pensée* et *La lettre au pays.* Ils me rappellent les maux les plus terribles de la guerre, la mort loin de la patrie, loin des personnes aimées, le deuil des familles, et je rends grâces à Dieu, d'avoir inspiré au Souverain qui dispose des destinées de la France, la volonté de nous rendre les douceurs de la paix ; la gloire coûte trop cher.

« Il y avait beaucoup de batailles au salon, dit M. Théo-
« phile Gautier (1), cela était facile à prévoir. La récente et
« glorieuse guerre de Crimée devait nécessairement, même
« en dehors des commandes officielles, impressionner l'esprit
« des artistes et les tourner vers les hauts faits militaires. »

Cependant, ce n'est pas dans les souvenirs de notre gloire militaire que nos peintres foréziens ont cherché le sujet de leurs compositions. M. Camino a exposé des miniatures et des aquarelles ; un tableau religieux est l'œuvre de M. Faverjon ; les trois tableaux de M. Lays ont pour sujet des fruits, des fleurs ; des miniatures ont été exposées par M. Millet.

M. *Faverjon.* — *La Délivrance de saint Pierre* est le sujet du tableau de M. Faverjon. Je crois que ce tableau a déjà

(1) *Moniteur universel,* 25 juin 1859.

figuré à l'exposition de Saint-Etienne, et que M. H. Landrin a voulu en parler, lorsqu'il a dit, en rendant compte de cette exposition (1) : « M. Faverjon avait envoyé un grand tableau « inachevé. Dans cet état, il est bien difficile de pressentir « l'ensemble et le résultat de l'œuvre. Nous n'en parlons que « pour mémoire. » Le tableau de M. Faverjon a été remarqué à l'exposition de Paris. Un critique très considéré, M. Délécluze, a examiné les tableaux qui, dit-il, « sont étudiés sé-« rieusement et dont les sujets sont élevés. En ce genre, il a « remarqué la *Délivrance de saint Pierre*, traitée non sans « distinction par M. Faverjon (2). » C'est qu'en effet, la composition de ce tableau est bonne. Un ange vient délivrer saint Pierre ; d'une main il soutient ses pas, de l'autre il lui montre le chemin de la délivrance, la porte du cachot est ouverte, les gardes sont plongés dans le sommeil. Il y a de la couleur dans ce tableau, dont l'exécution est remarquable. Je fais cependant quelques réserves ; je trouve que saint Pierre est trop solennel dans sa marche, sa figure ne respire pas la tranquillité de l'apôtre plein de confiance dans le messager de Dieu ; il a l'air préoccupé, soucieux ; il paraît inquiet du succès de sa délivrance. J'avoue aussi que l'ange libérateur ne me satisfait pas complètement ; ses traits sont un peu vagues, indécis. Malgré ces réserves, je ne crois pas exagérer en disant que le tableau de M. Faverjon était un des meilleurs tableaux religieux de l'exposition. Ce n'est pas sans motifs qu'on ne l'avait pas confondu au milieu de tous les tableaux religieux, et qu'on l'avait placé dans une salle voisine de celle qui leur était spécialement réservée. Cette salle, je dois le dire, ne renfermait pas les morceaux les plus remarquables de l'exposition. M. Faverjon a eu une mention honorable à la suite de l'exposition de 1857.

M. *Lays.* — M. Lays a exposé trois tableaux. C'est un élève de l'Ecole de Lyon ; il réussit dans le genre qui fait la réputation et la gloire de cette école. Un de ses tableaux appartient à la Société des Amis des arts de Lyon, c'est une coupe de raisins. Un autre tableau, qui a pour sujet une corbeille de fruits, appartient à Mme la baronne des Gouttes. Enfin un vase de fleurs variées forme le sujet du troisième tableau. Ces trois tableaux méritent l'attention dont ils ont été l'objet.

M. *Camino.* — M. Camino a exposé huit miniatures. J'ai remarqué deux portraits très bien réussis, celui d'une jeune

(1) *L'Artiste*, 15 août 1859.
(4) *Journal des Débats*, 30 juin 1859.

anglaise et celui d'un petit enfant. M. Camino a aussi exposé quatre aquarelles ; il en est une qui m'a paru très remarquable ; le sujet est bien choisi, l'exécution est bonne. C'est une pélerine au repos ; sa fatigue, son affaissement sont bien indiqués ; sa figure est très expressive ; elle récite son chapelet avec ferveur ; on sent qu'elle espère retrouver, avec l'aide de Dieu, les forces nécessaires pour achever son pèlerinage. J'ai remarqué aussi une autre aquarelle qui donne le portrait d'une Italienne ; la pose est très bonne, la physionomie est pleine d'expression. J'aime moins l'aquarelle qui représente un Tunisien, bien qu'elle ne soit pas sans valeur. M. Camino a été honoré d'une mention à la suite de l'exposition de Paris en 1857. Il a pris part à l'exposition de Saint-Etienne ; M. H. Landrin lui donnait un bel éloge dans le compte-rendu que j'ai déjà cité (1) : « M. Camino a envoyé « deux charmantes aquarelles qu'on croirait sorties des ateliers de MM. Delacroix et Valeri. Saint-Etienne peut à juste « titre s'honorer d'avoir donné le jour à cet artiste. »

M. *Millet.* — M. Millet est connu par ses succès antérieurs. En 1817 et en 1824 il obtenait une médaille de 2ᵉ classe ; en 1828 une médaille de première classe lui était décernée. On peut donc croire que M. Délécluze ne veut pas nous tromper, quand il dit « qu'on regarde avec plaisir les miniatures de M. Millet (2). M. Millet a exposé sept miniatures remarquables par le coloris et l'expression. Je n'ai pu juger de la ressemblance que pour l'une d'elles, je l'ai trouvée parfaite. C'est un portrait de S. M. l'Empereur, d'après une photographie de M. Legray. On appréciait surtout la valeur de ce portrait, en le comparant à d'autres miniatures de S. M., placées dans la même galerie.

Hélas ! les succès de M. Millet à l'exposition de 1859, devaient être les derniers ; M. Millet est mort. Cette triste nouvelle est donnée par M. Paul d'Ivoi (3), dans des termes si honorables pour M. Millet, que je ne peux m'empêcher de les reproduire :

« Un artiste aussi distingué que modeste, M. Frédéric Millet, vient de mourir à l'âge de 73 ans.

« Né en 1786, à Charlieu (Loire), Frédéric Millet apprit la « miniature et l'aquarelle, sous la direction de François Au-

(1) *L'Artiste,* 15 août 1859.

(2) *Journal des Débats* du 30 juin 1859.

(3) *Figaro,* 3 novembre 1859.

« bry et d'Isabey, le père. Il débuta au salon de 1806. Tous
« les personnages célèbres de notre temps ont voulu se faire
« peindre par lui. Parmi ses portraits les plus réussis, on cite
« ceux de la famille d'Orléans, du duc de Montmorency, des
« familles de Bassano et de Montebello, de la maréchale de
« Wagram, de la princesse Esterhazy, etc., etc., enfin celui
« de l'Impératrice Joséphine.

« Le procédé de la miniature a le très grave inconvénient
« de donner à toutes les couleurs qu'on emploie un ton jau-
« nâtre uniforme qui altère leur pureté. L'ivoire donne cette
« monotonie universelle. On dirait une de ces sauces banales
« avec lesquelles certains restaurateurs donnent le même goût
« à tous mets. Frédéric Millet avait lutté contre cet inconvé-
« nient. Il a fait un grand nombre de miniatures sur papier
« blanc bien préparé, et se livrant à un travail plus large, il
« obtenait plus de variété et de pureté dans les tons.

« Peu d'artistes ont eu une vie aussi laborieuse que lui.
« Son ardeur pour le travail semblait s'être accrue avec
« l'âge. Son activité d'esprit et sa force d'attention étaient
« surprenantes. On était émerveillé de la sûreté de sa main,
« de la facilité de son pinceau ; en travaillant, il trouvait dans
« son imagination des plaisanteries de bon goût, des anec-
« dotes, des réflexions fines, souvent profondes, des observa-
« tions sagaces, enfin une conversation nuancée selon le tem-
« pérament de ses modèles, afin d'entretenir leur bonne hu-
« meur et de ne pas laisser s'assombrir leur physionomie.

« Le modèle parti, alors il était tout attention, il se concen-
« trait en lui-même, et la mémoire encore fraîchement em-
« preinte de la vue de la nature, il donnait à ses portraits
« cette unité d'expression, cet air de vie qui les distinguent
« de la plupart des autres miniatures.

« Ses portraits sont vraiment des œuvres d'art. Ses têtes
« grandes comme l'ongle, sont grassement traitées, sans sé-
« cheresse, avec *maestria* et caractère. Tout est étudié, fer-
« me, vigoureux, dessiné en maître ; les têtes vivent, les yeux
« vous regardent, les fronts pensent, les uniformes, les étoffes,
« les costumes sont parfaitement rendus. Les figures sont
« d'une finesse de pose et d'expression, d'une vigueur de des-
« sin et d'une justesse de touche à confondre. C'est le chef-
« d'œuvre de l'infiniment petit en peinture, et cependant cela
« est plein d'aisance et de largeur. On dirait des portraits à
« l'huile, brossés de main de maître, et regardés par le gros
« bout de la lorgnette.

« Frédéric Millet avait épousé une femme fort remarqua-

« ble; Madame Millet est la fondatrice des salles d'asile. C'est
« en 1826 que, liée avec M. Cochin, maire du 12e arrondis-
« sement, elle commença à s'occuper de questions de charité
« publique. Elle voyagea en Angleterre pour y étudier l'orga-
« nisation des écoles de l'enfance. Ce qu'elle vit la mécon-
« tenta, et au lieu d'imiter, elle créa les salles d'asile. Son
« idée fut accueillie. La première salle d'asile fut fondée en
« 1827, rue des Martyrs. Bientôt d'autres s'ouvrirent de tous
« côtés, à Paris et en province, où Mme Millet allait les
« organiser elle-même.

« Si Paris est la ville des plaisirs, c'est aussi la ville des
« misères. Paris compte environ de 90 à 100 établissements
« soutenus par des associations charitables. Il y a des re-
« traites pour les vieillards, des asiles pour les enfants de 2 à
« 6 ans, des crèches pour les pauvres petites créatures qui
« viennent de naître. Mais les enfants avaient été longtemps
« oubliés.

« Il y avait en France 150,000 enfants éloignés de leurs fa-
« milles par la nécessité, abandonnés sans aucune surveil-
« lance au mal, surveillés par des nourrices mal payées. Cette
« lacune dans la charité publique, c'est Mme Millet qui a
« commencé à la combler par la création des salles d'asile.
« Plus tard, M. Marbeau, adjoint au maire du 1er arrondisse-
« ment, a complété l'œuvre de Mme Millet par la création
« des crèches. Les salles d'asile ont conservé déjà bien des
« enfants à leurs familles, bien des bras au pays.

« M. Frédéric Millet était le père d'Aimé Millet, le jeune et
« déjà célèbre sculpteur à qui son *Ariane abandonnée* a
« valu une première médaille en 1857. »

On ne sait vraiment ce qu'il faut le plus admirer, l'artiste
distingué ou la femme ingénieuse en sa charité. L'amertume
des regrets que cause la perte de M. Frédéric Millet, est
adoucie par l'espérance de voir ses succès continués par
M. Aimé Millet, son fils.

SCULPTURE.

J'ai dit qu'il y avait beaucoup de batailles au salon. La
guerre a inspiré beaucoup de peintres ; l'amour a fourni aux
sculpteurs le sujet de plusieurs compositions gracieuses. Mars
et Vénus ont conservé, sur les artistes, une souveraine in-
fluence.

Ici, c'est l'Innocence qui cache l'Amour, elle le serre imprudemment sur son sein (1) ; ailleurs, c'est l'Amour suppliant ; il est aux pieds d'une jeune fille qui ne paraît pas devoir rester longtemps insensible à ses tendres prières (2) ; plus loin, c'est le *lis* dans son éclatante blancheur, une jeune fille autour de laquelle rôde l'Amour (3). Je trouve ensuite une marchande d'amours (4). « Amours, amours, » dit-elle, en offrant sa précieuse mais fragile marchandise. Celui que de sa main droite elle retient par les ailes, a l'air humble, soumis et semble promettre la constance. Mais son air espiègle éloigne la confiance ; on se sent porté à préférer celui qui se tient sur l'épaule de la marchande, dans une attitude pleine de franchise et de grâce modeste. Comment choisir? Il faut les peser. Voici, en effet, une jeune fille qui pèse des amours (5). Elle tient une balance. Dans un des plateaux, se trouve un Amour dont la main faiblit sous le poids d'un sac d'or. C'est de ce côté que penche la balance, car l'autre plateau supporte un Amour qui n'a que son cœur dans la main et qui pleure sa défaite.

Cette dernière composition est-elle une œuvre d'imagination, qui oserait l'affirmer? A-t-on jamais trouvé cette balance dans les mains d'une jeune fille? Je ne sais; mais je peux dire que les jeunes filles ne sont pas seules à s'en servir; il n'y a pas longtemps, la *Gazette des Tribunaux*, ce martyrologe des amants délaissés, rapportait la mort d'une jeune fille qui n'avait pas voulu survivre à l'infidélité de son futur époux ; au dernier moment, une légère différence de fortune avait fait pencher la balance en faveur de sa rivale.

C'est donc un des malheurs de la vie réelle que l'artiste a voulu rappeler dans son œuvre gracieuse. Il n'est pas le seul à s'en préoccuper. George Sand, dans son dernier ouvrage (6), a, elle aussi, touché ce point délicat, quand elle fait dire à son héros : « Je voyais, sinon dans le mariage, du moins autour « du mariage, des choses si froides, des calculs si répugnants, « que le nécessaire et l'inévitable glaçaient en moi le senti- « ment et l'émotion. Hélas, me disais-je, le contrat de l'amour

(1) Œuvre de M. Coudron, de Paris.
(1) Œuvre de M. Hébert, de Paris.
(3) Œuvre de M. Iguel, de Paris.
(4) Œuvre de M. Denecheau, d'Angers.
(5) Œuvre de M. Lequenne, de Paris, premier grand prix de Rome.
(6) **Jean de la Roche**, *Revue des Deux-Mondes,* 15 oct. 1859.

« honnête commence donc par être une affaire où il n'y a pas
« moyen de ne pas prévoir et de ne pas compter. Me voilà
« déjà aux prises avec l'argent, avant de savoir si mon cœur
« battra auprès de cette jeune fille. Il m'a fallu pour que je me
« crusse permis de penser à elle, savoir le chiffre de sa dot. »

Cependant, je veux croire que tous ne se servent pas de
cette impitoyable balance. Je suis bien convaincu que beaucoup se préoccupent pardessus tout « d'entrevoir au travers
« des traits qui les touchent, une créature toute pure et toute
« aimable, un charmant assemblage de grâce et de faiblesse,
« un être céleste auquel ils attachent leur espérance et leur
vie (1). » Affirmer que tous sont enlacés des liens de l'intérêt
et de la spéculation, ne peut être que le fait d'un célibataire
malicieux et endurci, destiné fatalement à mourir dans l'im-
pénitence.

L'amour, avec ses joies et ses douleurs, a donc inspiré
beaucoup de sculpteurs; plusieurs ont cherché le sujet de
leurs œuvres dans la mythologie ou dans l'histoire des temps
héroïques. Ici, c'est une Vénus agreste; là, Lyssia, la femme
du roi Candaule; ailleurs, Eurydice piquée par un serpent,
etc. Le Gouvernement encourage cette tendance des artistes.
M. le Ministre d'Etat a commandé plusieurs statues ou groupes
pour l'ornementation de la cour du Louvre. Or, quels sont les
sujets choisis? Omphale est le sujet d'une statue de M. Eude,
et d'un groupe de M. Crauck; M. Etex a fait deux statues :
un Pâris et une Hélène; M. Aimé Millet a fait un Mercure;
la Pensierosa est le sujet d'une statue composée par M. Lan-
zirotti. Ces six statues sont de celles dont aucun voile ne dis-
simule les détails. Cependant, à côté d'elles, se trouveront
placées dans la cour du Louvre deux statues représentant,
l'une, l'*Inspiration*, l'autre, l'*Art chrétien*, quoique l'Art
chrétien n'ait inspiré aucune des œuvres qui doivent figurer
dans cette ornementation.

L'Art chrétien est cultivé avec succès par deux artistes dont
le Forez a le droit de se glorifier : M. Foyatier et M. Montagny.

M. Foyatier. — M. Foyatier a été honoré d'une médaille
de 2e classe aux expositions de 1819 et de 1855 ; il a été
nommé chevalier dans l'ordre de la Légion-d'Honneur, le 1er
mai 1834. L'*Immaculée conception de la Sainte-Vierge,*
tel est le sujet que M. Foyatier a voulu traiter dans l'œuvre
qu'il a exposée. Il n'est pas facile de faire apparaître à travers
les traits d'une figure humaine, la pureté sans tache, la chas-

(1) Toppfer, *Réflexions d'un peintre Genevois,* p, 28.

teté divine de la sainte Vierge. Plusieurs artistes ont voulu essayer ; il s'en faut que tous aient réussi. Où trouvent-ils sur la terre le modèle de cette œuvre? A quoi leur sert même une imagination active et puissante, si elle n'est élevée et soutenue par les aspirations d'une foi ardente qui leur inspire un complet détachement des choses de la terre? Ce n'est pas après avoir analysé avec soin les perfections voluptueuses du corps humain, que l'artiste peut donner ce type de la chasteté. Par exemple : un artiste a exposé une statue, *Eurydice piquée par un serpent,* et un groupe, la *Vierge et l'enfant Jésus au temple ;* est-il étonnant qu'après avoir réussi dans sa première œuvre, il ait été impuissant à réaliser dignement la seconde? M. Foyatier a voulu aussi représenter la Vierge et l'enfant Jésus; mais il a été plus heureux. J'ai entendu critiquer l'œuvre de M. Foyatier ; sans doute, je ne crois pas qu'on puisse dire qu'il a complètement réussi, mais on ne peut prétendre que son œuvre est dépourvue de mérite; la statue, dans son ensemble, n'est pas irréprochable, mais elle offre des détails très remarquables.

M. Montagny. — M. Montagny a exposé le modèle d'une statue qui lui a été commandée pour la grande église de Saint-Etienne ; c'est la sainte Vierge et l'enfant Jésus. La sainte Vierge a sur son bras gauche l'enfant Jésus qui tient le livre de vie ; sur ce livre ouvert, on lit cette inscription : *ego sum via, veritas et vita;* de sa main droite, elle montre à tous le chemin de la vérité, et sous son pied, elle écrase la tête du serpent. A travers les traits gracieux de l'enfant Jésus, resplendit la majesté du divin Législateur.

A côté de cette œuvre justement remarquée, M. Montagny a exposé le modèle d'une statue exécutée pour monseigneur Devoucoux, évêque d'Evreux. Le sujet de cette statue est encore la *Vierge et l'enfant Jésus.* M. Montagny est certainement un des artistes qui ont le mieux réussi dans la réalisation de cette œuvre difficile. Il a aussi exposé deux médaillons et un buste dont le mérite est incontestable. M. Montagny a eu une médaille de 3e classe aux expositions de 1849 et de 1853, une médaille de 2e classe en 1855, et une médaille de 1re classe en 1857. Les œuvres de M. Montagny, comme celles de M. Foyatier, sont reçues sans examen.

M. Bonnet. — M. Bonnet a exposé un buste de Victor Orsel, peintre d'histoire. Cette œuvre, commandée par la ville de Lyon est digne de cet artiste qui n'en est pas à son premier succès.

M. Chevalier. — M. Chevalier a présenté à l'exposition un groupe représentant *une jeune Mère.* Tous ont remarqué cette œuvre qui lui a valu une mention honorable. Beaucoup en ont parlé; voici ce que M. Adrien Paul en dit : « L'aspect « de la *jeune Mère,* de M. Hyacinthe Chevalier, est pur, « simple et maternel, pour tout dire. La pose est naturelle. « L'enfant est rond, potelé, troué de fossettes. Il rive, avec « une avidité bien rendue, ses petites lèvres au sein nourricier. « Les plis, ceux de derrière surtout, sont habilement chif- « fonnés. Il y a, là, une vilaine veine noire qui balâfre et dé- « figure un peu la *jeune Mère,* mais nous n'en accusons que « le marbre (1). » La *jeune Mère* a été reproduite par la gra- vure dans le journal l'*Illustration;* elle mérite bien l'attention dont elle a été l'objet. Pendant que je la considérais, une jeune femme s'arrêtait, charmée de voir cette œuvre gracieuse et ne pouvait s'empêcher de dire : « Nous avons été comme « çà. » Voulait-elle se rappeler des premières joies de sa ma- ternité ou des grâces enfantines de son premier né? Je ne sais, car l'artiste a réussi aussi bien à rendre le contentement de la mère qu'à exprimer la grâce et l'abandon de l'enfant. M. Chevalier a traité, avec son ciseau, un sujet qui a mis en mouvement, pendant ces deux dernières années, la plume de tous les moralistes. Je ne saurais dire tous ceux qui s'accor- dent, quel que soit leur sexe, quelle que soit leur secte, à de- mander pour la famille et surtout pour la mère, un plus grand rôle dans l'éducation de l'enfant. Un point sur lequel ils sont unanimes, c'est l'allaitement de l'enfant par sa mère : « Si le « petit nouveau-né a vécu blotti sur votre sein, plus grand, « c'est à vos pieds qu'il glissera; vous l'y retiendrez par un « regard; au besoin, vous l'y rappeleriez. » Car, dit ailleurs cet ingénieux moraliste, « la chaine de la maternité se dé- « roule facile et légère, lorsque pas un anneau n'en a été « brisé, lorsque tous les devoirs ont été bien remplis. On di- « rait alors que l'enfant est guidé par un fil mystérieux, « qu'une tendresse intelligente et attentive attache à son « berceau et laisse échapper avec mesure. » M. Chevalier n'a pas été le seul à vouloir exprimer la joie que donne à la mère l'accomplissement de ce doux devoir de l'allaitement; M. Des- prey a pris la *béatitude maternelle* pour sujet de la statue qu'il a présentée avec cette inscription : *Incipe, parve puer, risu cognoscere matrem.* La composition de cette œuvre est gracieuse; mais elle n'a pas dans ses détails, le naturel et la

(1) Le *Siècle* du 23 juin 1859.

perfection qu'on remarque dans celle de M. Chevalier. On a
dit que les sculpteurs ne se sont pas fait remarquer dans cette
exposition, par la richesse de leurs conceptions. M. Chevalier
a su choisir un sujet simple, mais fécond et l'a heureusement
réalisé. La *jeune Mère*, fait naître, dans ceux qui l'admirent,
de pures et salutaires émotions, tandis que ces statues nom-
breuses, dont le sujet est emprunté aux fables de la mythologie, ne semblent faites que pour aiguillonner la chair et
précipiter ses mouvements tumultueux.

Les artistes du Forez n'ont eu qu'une petite part des récompenses décernées à la suite de cette exposition ; ils sauront en
mériter de plus importantes qu'une mention honorable ; pour
eux, le passé et le présent font bien augurer de l'avenir. Plaise
à Dieu, que le succès de ces artistes développe dans notre
pays le goût des arts et augmente le nombre de ceux qui sui-
vront leurs traces ! En vain, dirait-on, que l'industrie est en
trop grande faveur dans notre pays pour que les beaux-arts y
soient cultivés ; le développement des arts utiles se concilie
très bien avec celui des arts aimables ; c'est Voltaire qui l'a
dit, en faisant la remarque suivante : « Avant le siècle que j'ap-
« pelle de Louis XIV, les français n'avaient presqu'aucun des
« arts aimables, ce qui prouve que les arts utiles étaient né-
« gligés ; car, lorsqu'on a perfectionné ce qui est nécessaire,
« on trouve bientôt le beau et l'agréable ; et il n'est pas éton-
« nant que la peinture, la sculpture, la poésie, l'éloquence, la
« philosophie fussent presqu'inconnues à une nation qui,
« ayant des ports sur l'Océan et la Méditerranée, n'avait pour-
« tant point de flotte, et qui aimant le luxe à l'excès, avait à
« peine quelques manufactures grossières (1). » Les arts
utiles ont atteint une grande perfection dans la ville de Saint-
Etienne, qui semble obéir à la loi dont parle Voltaire, en
commençant à organiser chez elle des expositions des beaux-
arts. A Montbrison, bien que les arts utiles n'aient jamais vi-
vement préoccupé les esprits, on favorise le développement
des arts aimables. Une administration municipale qui nous
gouverne selon les règles d'un progrès sagement mesuré, a
établi un enseignement public et gratuit du dessin. Que tous
ceux auxquels il est ouvert s'efforcent d'en profiter. Le maître
découvrira peut-être chez un ou plusieurs de ses élèves, une
vocation privilégiée. Ceux-là, le pays doit les encourager et
les soutenir dans la voie périlleuse qu'ils ont à parcourir avant

(1) *Siècle de Louis XIV*, p. 4.

d'arriver au succès. Que de villes, que de départements dis-
posent dans leur budget de sommes importantes en faveur de
leurs artistes malheureux! Quelle joie pour une ville qui a
rendu à un artiste le travail possible ou facile, si elle peut ob-
tenir une de ses œuvres qu'elle montre avec orgueil, et lui
donner ainsi un sérieux et délicat encouragement !

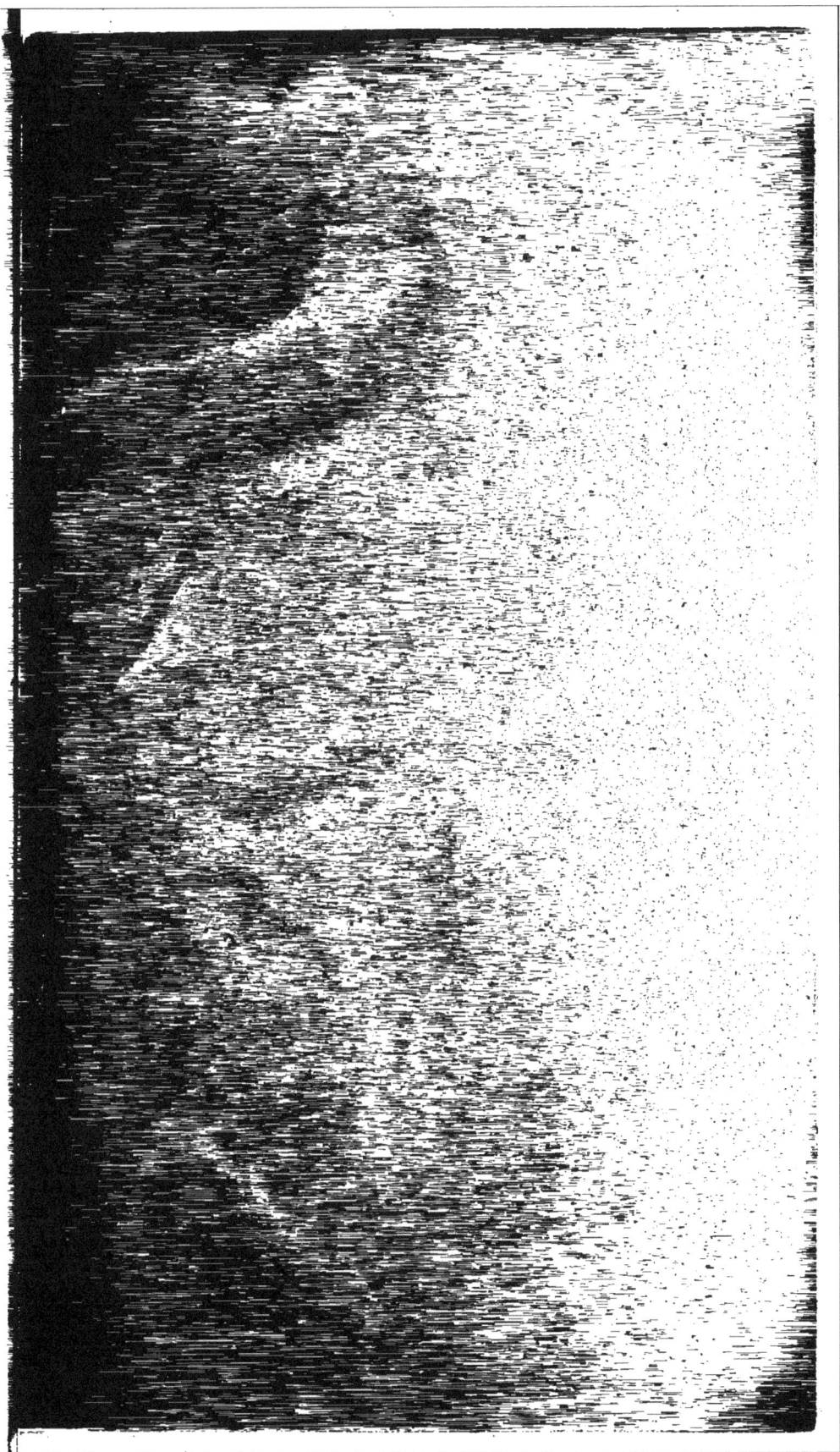

www.ingramcontent.com/pod-product-compliance
Lightning Source LLC
Chambersburg PA
CBHW070154200326
41520CB00018B/5396